José Daniel Acosta Robles
Mario Alberto De La Cruz Padilla
Luis Alberto Morales Alias

Vibraciones Mecánicas

**José Daniel Acosta Robles
Mario Alberto De La Cruz Padilla
Luis Alberto Morales Alias**

Vibraciones Mecánicas

Casos documentados en planta Vol. 1

Editorial Académica Española

Imprint

Any brand names and product names mentioned in this book are subject to trademark, brand or patent protection and are trademarks or registered trademarks of their respective holders. The use of brand names, product names, common names, trade names, product descriptions etc. even without a particular marking in this work is in no way to be construed to mean that such names may be regarded as unrestricted in respect of trademark and brand protection legislation and could thus be used by anyone.

Cover image: www.ingimage.com

Publisher:
Editorial Académica Española
is a trademark of
Dodo Books Indian Ocean Ltd. and OmniScriptum S.R.L publishing group

120 High Road, East Finchley, London, N2 9ED, United Kingdom
Str. Armeneasca 28/1, office 1, Chisinau MD-2012, Republic of Moldova, Europe
Printed at: see last page
ISBN: 978-620-2-24226-4

AGRADECIMIENTOS

Agradezco a todas las personas que apoyaron la realización de este trabajo: En especial al personal técnico que con su habilidad y experiencia realizan los trabajos en cada una de las áreas; al departamento de mantenimiento predictivo del Ingenio Industrial Azucarera San Cristóbal S.A. de C.V. Por brindar las herramientas y compartir el conocimiento técnico de cada uno que lo conforman.

PRÓLOGO

El mantenimiento basado en condición actualmente tiene un impacto importante en la productividad de la mayoría de las industrias, especialmente porque permite monitorear la condición real de un activo para decidir que mantenimiento debe realizarse.

El análisis de vibraciones mecánicas se emplea para dar seguimiento a tendencias y detectar problemas por medio del diagnóstico de espectros, sin tener la necesidad de detener las líneas de producción o los equipos de carácter críticos dentro de la planta, dimensionando daños o averías a través de la medición de la amplitud de las vibraciones; todo esto con el fin de programar paros para mantenimiento y organizar: refacciones requeridas, personal y actividades correctivas, evitando paros prolongados por imprevistos que incrementen los costos de producción.

Dentro de la industria azucarera el tiempo perdido significa un atraso importante en la producción de azúcar, ya que la caña de azúcar como materia prima está programada para un tiempo determinado (zafra), y los costos de producción incrementan con cada hora de atraso.

Cada uno de los casos, se presentan con el fin de estudiar los problemas más comunes basándose en los tópicos para el diagnóstico del análisis de los espectros de vibración.

Es por esta razón que surge este manual, con la finalidad de ayudar a diagnosticar el estado de los equipos tomando como ejemplo comparativo casos reales y eventos documentados empleando el análisis de las vibraciones y siendo complementados con otras técnicas de mantenimiento predictivo como son:

- Inspección visual (lámpara estroboscópica).
- Termografía infrarroja.
- Alineación de ejes por método láser.
- Balanceo de rotores.
- Análisis de aceite.
- Montaje de rodamientos por inducción de calor.
- Demodulación (envolvente en rodamientos).

Para este trabajo se concentró información, documentos, cursos, literatura de autores y proveedores para facilitar el entendimiento de cada uno de los métodos empleados en cada situación para una solución de manera técnica y acertada, con colaboración de la experiencia del personal técnico que labora en cada una de las áreas Mecánica, Eléctrica y de maquinado.

Í N D I C E

CASO 1

DESEQUILIBRIO EN ROTOR PORTA CUCHILLAS HORIZONTALES TIPO SWING BACK

(DESBALANCE)

El sistema analizado consta de un rotor horizontal de aproximadamente 120 pulgadas de longitud, el cual lleva 6 barras en las cuales van montadas 22 cuchillas de tipo swing back (que no son fijas) en cada barra, con un peso aproximado de 20 kilogramos cada cuchilla, haciendo un total de 132 cuchillas, el peso del rotor armado es de aproximadamente 8 toneladas, el equipo motriz se conforma de una turbina de 1,000 HP que opera a una velocidad de 3,900 CPM y un reductor de velocidad con relación de 4.77, la velocidad nominal del rotor juego de cuchillas es de 817 CPM con carga.

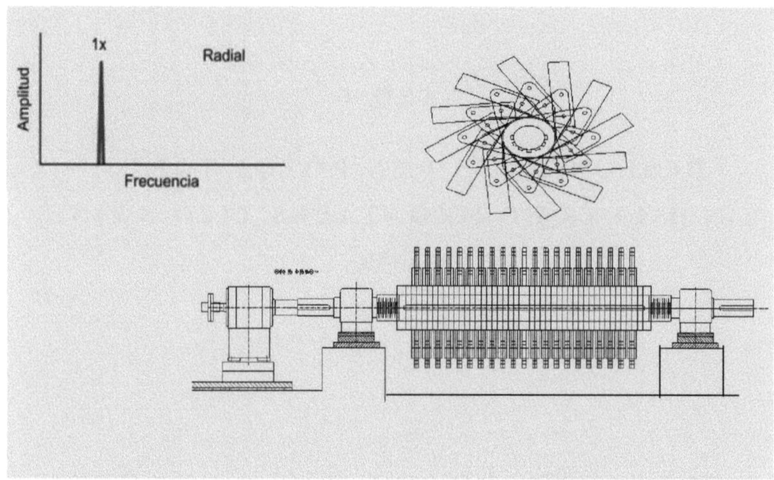

Fig. 1.1.- Rotor porta cuchillas horizontales y su amplitud de vibración.

Datos de campo: Se percibió un valor de vibración con amplitud alta a 817 CPM (1x) en dirección horizontal (0.8 in/s), valores fuera de rango, cabe mencionar que se han recuperaron cuchillas, las cuales se volvieron a pesar y se sueldan contra pesos para asegurar que mantengan un peso uniforme, dichos contra pesos en ocasiones se caen debido a los impactos de las altas cargas que entran al conductor provocando desbalance.

En el espectro de vibración se pudo observar amplitud alta a la frecuencia de giro del rotor de 817 CPM (1x), seguido de armónicos a (2x), (3x) y (4x) en presencia de holguras mecánicas, valor más alto tomado en chumacera lado libre (0.63 in/s). Las amplitudes por holguras mecánicas fueron tres veces menores a la velocidad de rotación.

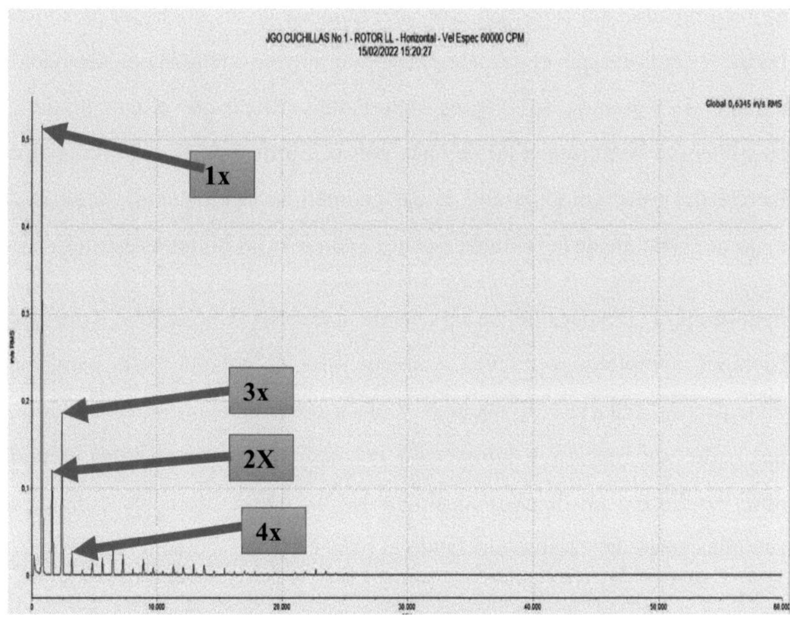

Fig. 1.2.- Espectro de vibración del rotor horizontal.

Una vez determinado el diagnóstico del análisis de vibraciones, se procedió a realizar el balanceo de rotor con apoyo de equipo digital y tacómetro para balanceo el cual consiste en colocar un peso prueba a un ángulo aleatorio, para poder calcular un peso de corrección y un ángulo de fase, esto para encontrar un peso que ayude a contrarrestar la fuerza centrífuga resultante que causa desequilibrio.

DESPUÉS DE VARIOS INTENTOS DE BALANCEO EL ÁNGULO DE FASE SIEMPRE FUE INESTABLE Y LA RESPUESTA DE LA AMPLITUD NO BAJÓ.

Se recomienda para este caso antes del montaje de las cuchillas picadoras, revisar y cerciorar que el peso de estas sea uniforme o tengan una desviación máxima de 5 gramos, también es importante verificar que el tamaño de las cuchillas sea uniforme, esto se hace con el fin de que el eje principal de inercia del rotor coincida con el eje geométrico del sistema. Además de mejorar el anclaje de las chumaceras para eliminar las holguras estructurales.

Seguimiento: Después de varios días de operación se solicitó el cambio de cuchillas completos y nuevos, con cuchillas de mismo peso y mismas dimensiones, reapriete de anclajes y placa base, revisión de ajuste de los manguitos de fijación y lubricación del equipo. Anteriormente, se pudo observar diferencias de peso considerables, así como diferentes tamaños de cuchillas antes del cambio afectando el balanceo y la operación del equipo.

Un desbalance en un rotor de demasiado peso como este tendrá como consecuencia, si se deja operar así de manera prolongada, daños en el sistema como son: aflojamientos de anclaje, aflojamiento de placa base, aflojamiento de manguitos de fijación, ruptura de soldadura y equipos rígidos, valores altos en rodamientos (G´s), daños en acoples y el calentamiento de chumaceras.

Después del cambio de cuchillas completo, se observó que el valor de la frecuencia de rotación de 817 CPM (1x) que predomina en el espectro fue de menor amplitud que antes (0.6 in/s), bajando considerablemente (0.14 in/s) aunque está dentro de los parámetros de operación, se podría mejorar, revisando la alineación de ejes entre el rotor y el eje de salida del reductor, así también mejorando el anclaje de las bases de las chumaceras.

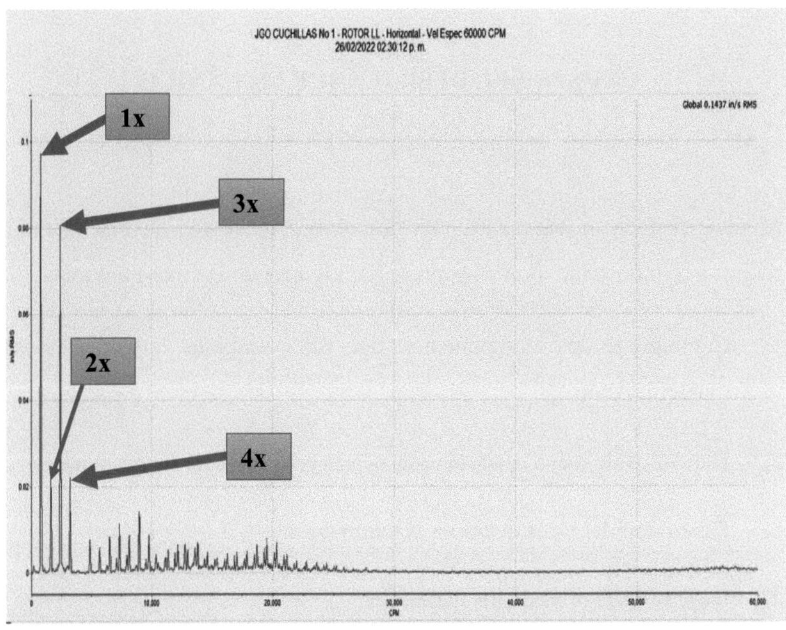

Fig. 1.3.- **Espectro de vibración del rotor después del cambio de cuchillas.**

SEGUIMIENTO: DEFINICIONES RESPECTO AL FENÓMENO DEL DESBALANCE O DESEQUILIBRO EN ROTORES

Desbalance mecánico

El desbalance mecánico es la fuente de vibración más común en sistemas con elementos rotativos; de aquí, podemos decir que todo rotor mantiene un nivel de desbalance residual. Estos generan vibraciones o no, depende si trabaja dentro de las tolerancias de calidad establecida en normas de características y velocidades del rotor.

CAUSAS DEL DESBALANCE MECÁNICO

Muchos factores pueden causar el desbalance mecánico en una máquina rotatoria. No obstante, podemos presentar algunas de las más comunes:

1) Cambio de los componentes del rotor durante operaciones del mantenimiento.

2) Depósitos de materia acumulados en la operación de la máquina.

3) Distorsión del rotor debido a la temperatura.

4) Desgaste irregular de los materiales.

TIPOS DE DESBALANCE

Estático

Es cuando el eje principal de una masa es desplazado paralelamente al eje geométrico del rotor. El eje principal pasa a través del centro de gravedad si la distribución de masa es homogénea.

Par de fuerzas

Si colocamos el rotor sobre una superficie sin rozamiento, esto no girara, ya que estáticamente esta balanceado. Sin embargo, cuando rota, las fuerzas centrífugas de los dos puntos causan la oscilación del rotor en una forma cónica.

11

Dinámico

Es una combinación de los anteriores, en este caso el eje principal de masa y la línea central del eje rodante no coinciden ni se cortan. Ttiene valores diferentes de amplitud en la vibración y en ángulo en ambas chumaceras.

CASO 2

DESEQUILIBRIO EN ROTOR DE

TURBINA DE VAPOR

(DESBALANCE Y SOLTURA MECÁNICA)

El sistema analizado consta de una turbina de vapor de dos etapas, con una potencia de 1,400 HP y una velocidad de trabajo de 3,850 CPM, que transmite por medio de un coplee 1035G20 a un reductor de velocidad de flechas colineales, con una potencia de 1,500 HP y una relación de velocidad de 4.795: 1 acoplada en el eje de salida a un rotor porta cuchillas con un peso aproximado de 8 toneladas.

Datos de campo: Se observó un valor de vibración de amplitud alta (0.41 in/s) en dirección horizontal a frecuencia de rotación de 3,850 CPM (1x) proveniente del rotor de la turbina, físicamente en la estructura se percibe vibración con sensación de vaivén, no se observa ninguna otra frecuencia en el espectro.

Cabe mencionar que la carga que recibe el equipo es irregular y depende de la alimentación que maneje el operador del conductor.

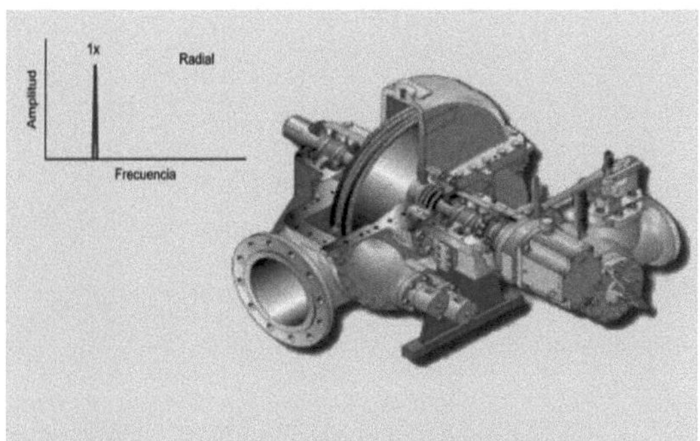

Fig. 2.1.- Turbina de vapor de dos etapas.

Se apreció en espectro de vibración valor de amplitud (0.44 in/s) en dirección horizontal a velocidad de giro del rotor de la turbina (1x), se percibió un desbalance, las posibles causas podrían ser: aflojamiento de anclaje, aflojamiento de tornillería o desbalance en el rotor por incrustaciones de contaminantes del vapor o golpe en algún álabe del rotor de la turbina, se recomienda ir descartando cada una de las posibles causas y en oportunidad revisar el rotor.

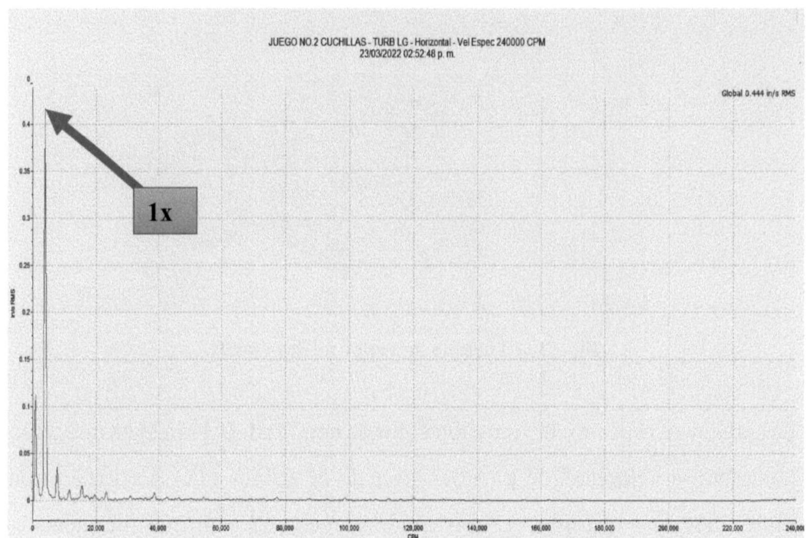

Fig. 2.2.- Espectro de vibración de la turbina de vapor de dos etapas.

Se observó en el espectro de vibraciones un valor de amplitud baja (0.18 in/s) en dirección vertical, se revisó los valores en axial para descartar alguna desalineación, cuando el desequilibrio aparece en valores altos en dirección radial (horizontal y vertical) los valores en axial suelen ser muy bajos.

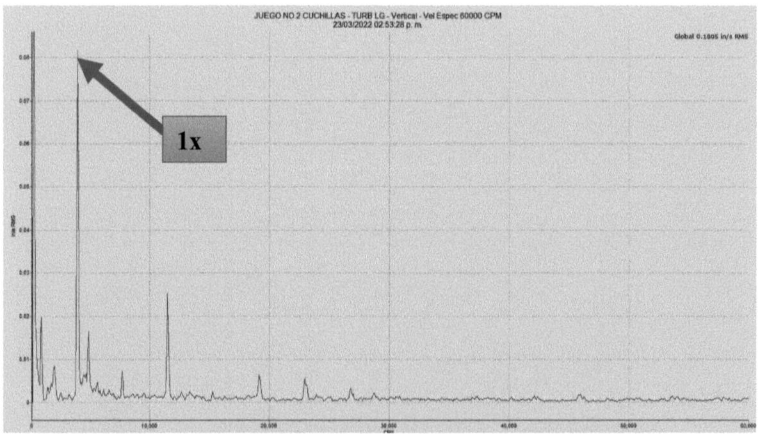

Fig. 2.3.- Espectro de vibración con valor de amplitud baja (0.18 in/s) en dirección vertical.

El desbalance evaluado desde la forma de onda debe ser estrechamente sinusoidal, de lo contrario también puede haber desalineación, holgura u otra condición incorrecta además del desequilibrio. La fase es el mejor indicativo, busque un cambio de fase de 90° entre vertical y horizontal. La fase en los extremos de las chumaceras del rotor estará entre 30° y 150° desfasados.

Con apoyo del equipo de vibraciones se observa forma de onda, tal cual se puede ver una onda sinusoidal definida.

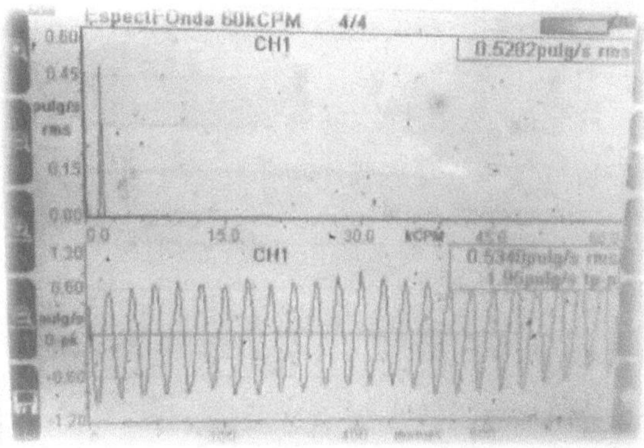

Fig. 2.4.- Espectro de vibración obtenido con el equipo analizador.

FORMA DE ONDA, COMPORTAMIENTO DE LA VIBRACIÓN RESPECTO AL TIEMPO.

El desequilibrio se corrige con una compensación de masa en el punto adecuado, con un analizador de vibraciones se puede localizar el peso y el ángulo para colocar o quitar esta masa de compensación.

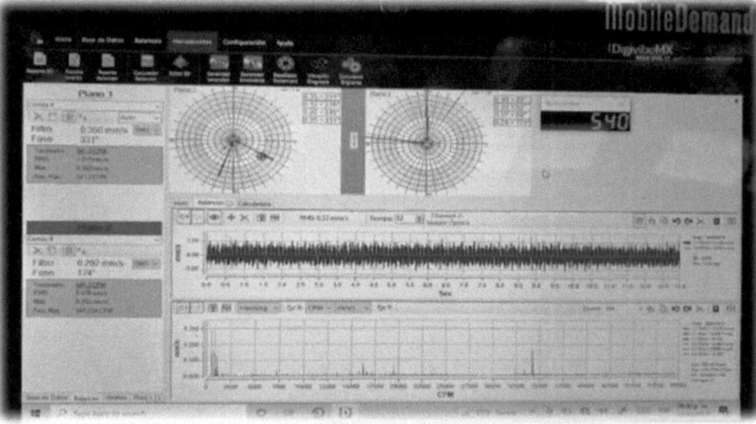

Fig. 2.5.- **Espectro de vibración obtenido con el equipo analizador.**

En oportunidad de paro programado de cambio de una válvula de alimentación de vapor, se aprovechó para destapar la turbina de vapor.

Fig. 2.6.- Rotor de la turbina de vapor.

Se revisaron los ajustes y estado del rotor, para mayor certeza se envió el rotor de turbina a taller externo para hacer un diagnóstico del balanceo del rotor.

Fig. 2.7.- Método de balanceo del rotor de la turbina de vapor.

Se aprovechó el paro programado para revisar el apriete de los anclajes de placa base, así como la tornillería de fijación de la turbina y el reductor, encontrando principios de flojedad en tornillería del reductor de velocidad, esto podría ser una causa derivada de la alta vibración provocada por el rotor.

Además del balanceo del rotor de la turbina, se verificó la alineación de ejes entre el rotor de la turbina y el piñón de entrada del reductor de velocidad tomando tolerancias para el coplee 1035G20.

Se consideró un crecimiento térmico de la flecha de la turbina de 0.005", se recomienda dejar abajo 0.005" respecto al centro del eje del piñón del reductor de velocidad, para que en operación normal (275 °C temperatura del vapor) los centros de cada flecha queden alineados.

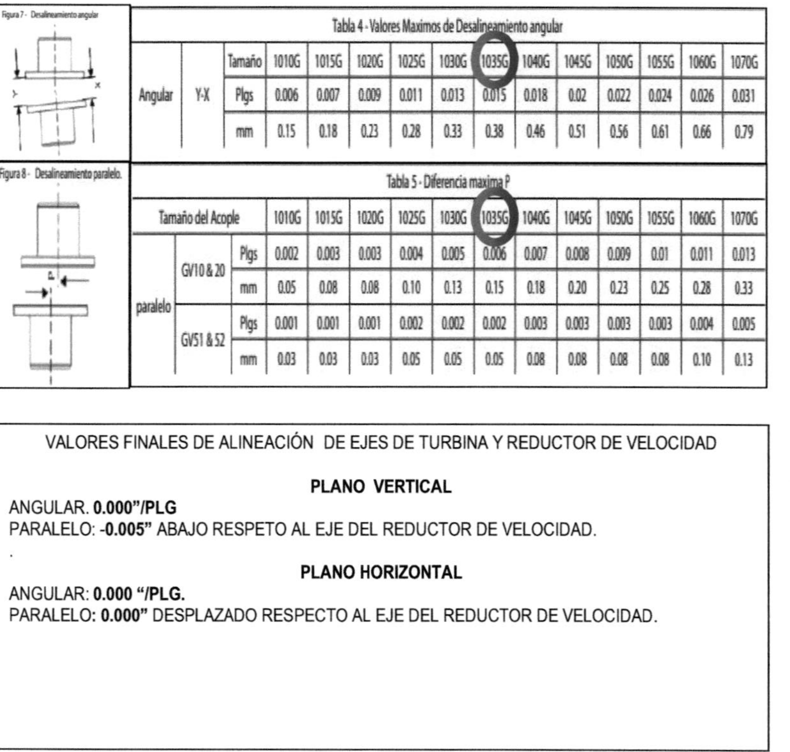

Tabla 4 - Valores Maximos de Desalineamiento angular														
		Tamaño	1010G	1015G	1020G	1025G	1030G	1035G	1040G	1045G	1050G	1055G	1060G	1070G
Angular	Y-X	Plgs	0.006	0.007	0.009	0.011	0.013	0.015	0.018	0.02	0.022	0.024	0.026	0.031
		mm	0.15	0.18	0.23	0.28	0.33	0.38	0.46	0.51	0.56	0.61	0.66	0.79

Tabla 5 - Diferencia maxima P														
Tamaño del Acople			1010G	1015G	1020G	1025G	1030G	1035G	1040G	1045G	1050G	1055G	1060G	1070G
paralelo	GV10 & 20	Plgs	0.002	0.003	0.003	0.004	0.005	0.006	0.007	0.008	0.009	0.01	0.011	0.013
		mm	0.05	0.08	0.08	0.10	0.13	0.15	0.18	0.20	0.23	0.25	0.28	0.33
	GV51 & 52	Plgs	0.001	0.001	0.001	0.002	0.002	0.002	0.003	0.003	0.003	0.003	0.004	0.005
		mm	0.03	0.03	0.03	0.05	0.05	0.05	0.08	0.08	0.08	0.08	0.10	0.13

VALORES FINALES DE ALINEACIÓN DE EJES DE TURBINA Y REDUCTOR DE VELOCIDAD

PLANO VERTICAL

ANGULAR. **0.000"/PLG**
PARALELO: **-0.005"** ABAJO RESPETO AL EJE DEL REDUCTOR DE VELOCIDAD.

PLANO HORIZONTAL

ANGULAR: **0.000 "/PLG.**
PARALELO: **0.000"** DESPLAZADO RESPECTO AL EJE DEL REDUCTOR DE VELOCIDAD.

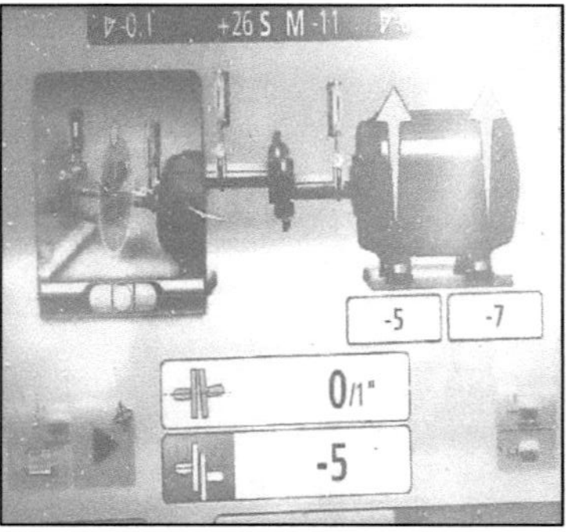

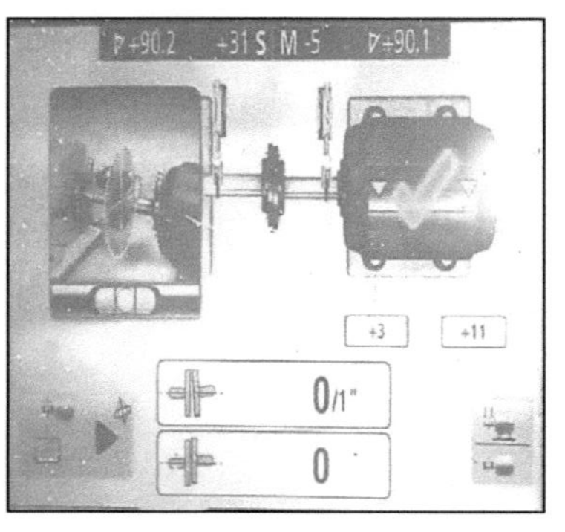

Fig. 2.8.- Valores finales de alineación de ejes de turbina y reductor de velocidad

Se muestra espectro de vibraciones después de realizado los trabajos de verificación y corrección mostrados anteriormente, se puede apreciar la disminución del valor global de la amplitud (de 0.41 in/s a 0.19 in/s) en dirección horizontal, valores de amplitud aceptable para la operación correcta del equipo.

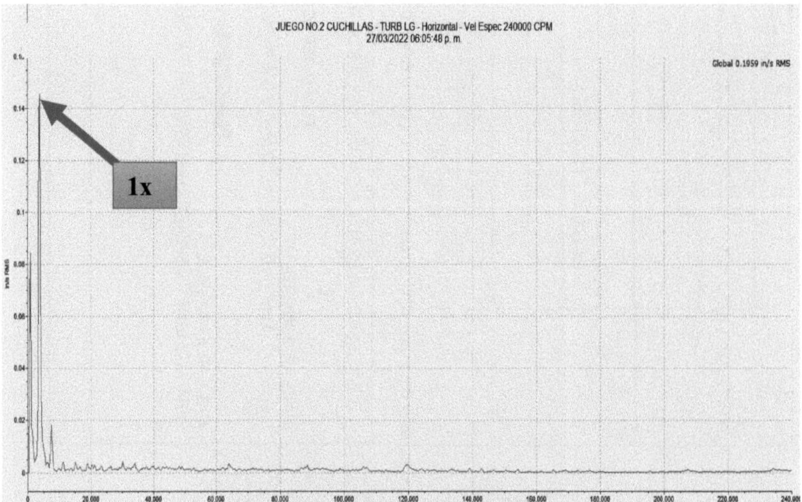

Fig. 2.9.- Espectro de vibración de la turbina de vapor después de las reparaciones.

CASO 3

PIE SUAVE O PIE COJO EN MOTOR ELÉCTRICO

(HOLGURA MECÁNICA TIPO "A")

El sistema analizado consta de un motor de inducción de 150 HP y una velocidad asíncrona de 1,780 CPM, con acoplamiento flexible de rejillas 11 F que transmite a una bomba centrífuga 6x8-15, de 1,800 GPM que bombea jugo claro.

Datos de campo: Se percibió un valor de vibración de amplitud alta (0.94 in/s) en dirección vertical a frecuencia de rotación de 1,780 CPM (1x), se revisó el apriete de la tornillería del motor, así como la fijación de placa base, fuera de ruta se tomaron los valores de vibración en vertical en las cuatro patas del motor encontrando en una de ellas un valor de 0.4 in/s, concluyendo presencia de pie cojo, se puede observar movimiento de las calzas en esa pata.

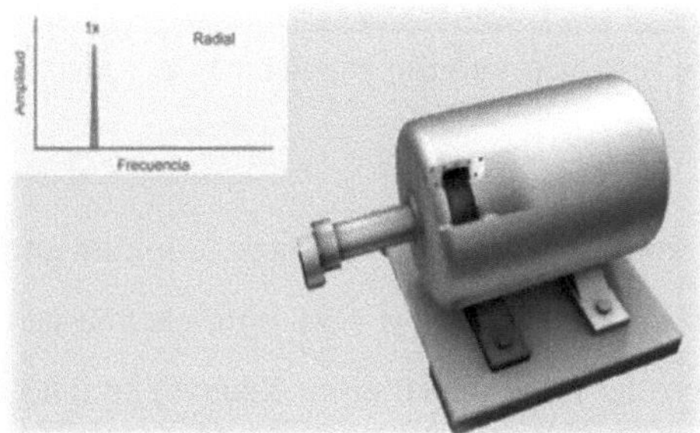

Fig. 3.1.- Motor de inducción de 150 HP para bombeo de jugo claro.

Espectro: La debilidad estructural generará un (1x) fuerte en la dirección de la mayor debilidad, a menos que haya un impacto, en cuyo caso también habrá armónicos. Para distinguir aflojamiento, desequilibrio o resonancia: si (1x) horizontal es más del doble de la amplitud de (1x) vertical, se sospecha aflojamiento. Si la relación de amplitud cambia cuando se cambia la velocidad de la máquina, entonces se debe sospechar que hay resonancia.

Fase: El aflojamiento estructural a menudo tendrá un componente vibrante (el pie del motor) y uno estacionario (la base del motor); por lo tanto, busque una diferencia de fase de 180° entre el componente estacionario y vibrante.

Forma de onda: La forma de onda será bastante sinusoidal (en velocidad) si hay algún contacto, la parte superior y/o la parte inferior de la onda pueden estar truncada.

El pie suave o pie cojo ocurre en las máquinas cuando los pies de las máquinas y la plataforma en la que está montada no están en el mismo plano.

En los motores eléctricos, un pie cojo distorsiona el marco, lo que a su vez puede distorsionar el campo magnético del estátor. Esto crea fuerzas eléctricas desequilibradas entre el rotor y el campo magnético del estátor.

El pie cojo se verifica mejor con un indicador de caratula para determinar la cantidad de pie cojo y se corrige con calibrador de espesores. Un pie cojo en los motores puede provocar un fallo prematuro del rodamiento o barras del rotor sueltas o rotas.

Se muestra espectro de vibración con valor de amplitud alto (0.94 in/s) a la velocidad de rotación de 1,780 CPM (1x), en dirección vertical, provocado por la inestabilidad del motor eléctrico (pie suave) en unas de las patas del motor, provocando que el motor se comporte como un péndulo de arriba hacia abajo en dirección vertical.

Se recomienda corregir la alineación comenzando por eliminar el pie suave o cojo del motor, esto se realiza calzando con lainas tratando de rellenar o compensar el espacio creado por deformación del asiento de una de las patas del motor.

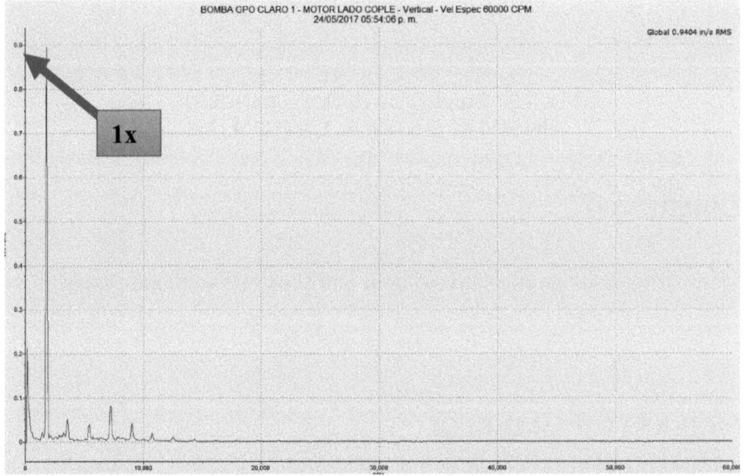

Fig. 3.2.- Espectro de vibración (0.94 in/s), velocidad de rotación de 1,780CPM (1x)

Se muestra espectro después de corregir pie suave o cojo en una de las patas del motor eléctrico, así como verificación del correcto apriete de las cuatro patas del motor a su base, logrando una disminución considerable de la vibración en sentido vertical de 0.94 in/s a 0.28 in/s.

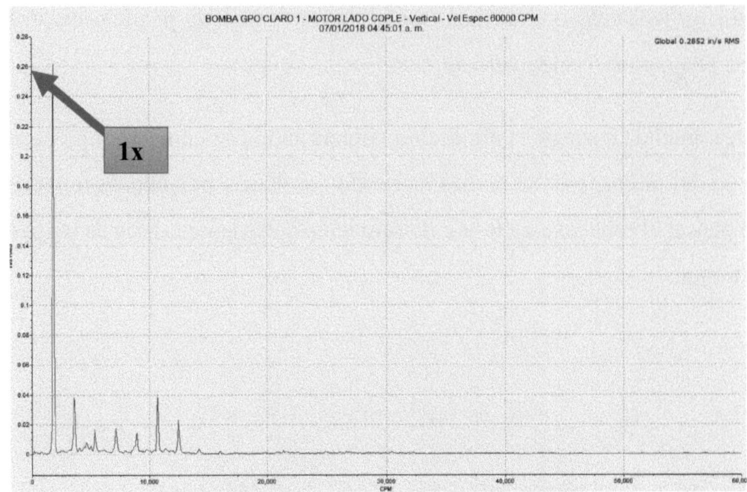

**Fig. 3.3.- Espectro de vibración (0.28 in/s),
velocidad de rotación de 1,780CPM (1x)**

SEGUIMIENTO

Existen varios tipos de pie suave o cojo entre los más comunes están:

1. OSCILANTE (PARALELO)

Situación donde la máquina pareciera que tiene una pata más corta que las otras.

Fig. 3.4.- Pie cojo – Oscilante (paralelo)

2. PIE TORCIDO (ANGULAR)

Cuando el pie de la máquina está torcido en un ángulo en relación de la máquina.

Fig. 3.5.- Pie cojo – Pie torcido (angular)

3. BLANDO (DESGASTES)

Cuando el pie de la máquina o placas de ajuste ya se encuentran desgastadas impidiendo el asiento adecuado de las patas.

Fig. 3.6.- Pie cojo – Blando (desgastes)

4. INDUCIDO

Se produce cuando una fuerza externa como tuberías causa el desplazamiento de los pies de la máquina.

Fig. 3.7.- Pie cojo – Inducido

AVERIAS EN EQUIPOS DEBIDO AL FENOMENO DEL PIE COJO

El fenómeno del pie cojo puede provocar las averías en los equipos que se muestran en las figuras 3.8 – 3.10.

Fig. 3.8.- Desalineación de componentes de precisión (los cojinetes)

Fig. 3.9.- Aumento de vibraciones destructivas, desgaste irregular y prematura de los equipos.

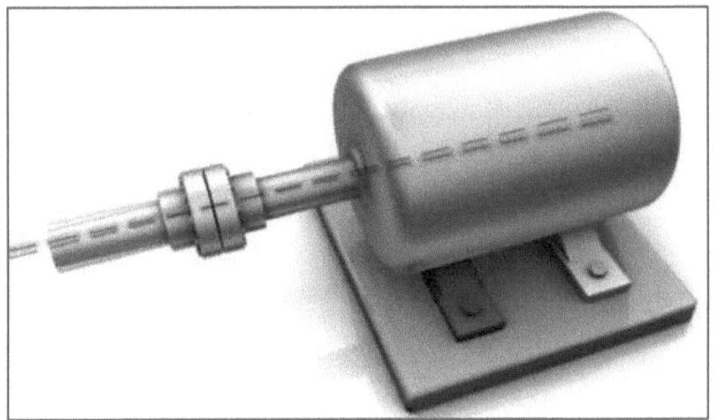

Fig. 3.10.- Deflexión de ejes.

SEGUIMIENTO

Procedimiento de corrección de pie cojo.

1. Cuando el motor se encuentra con los cuatro tornillos de las patas flojos, se verifica el asentamiento de las cuatro patas, ahí se puede sondear con ayuda de un calibrador de lainas, si en alguna de las patas cabe una laina de 0.005" deberá ser compensada con una calza de la misma medida. Después de ello se realiza el apriete de las cuatro patas.

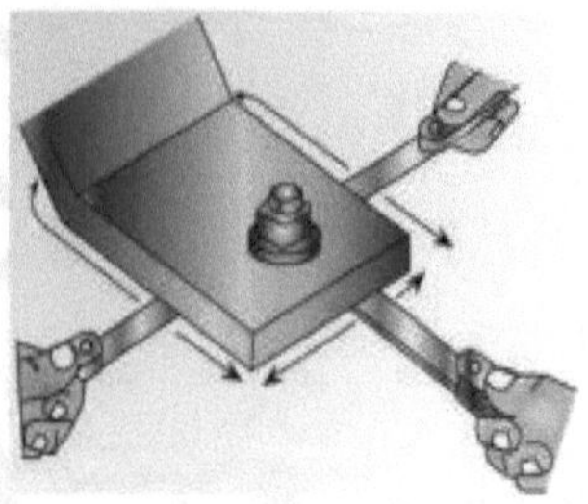

Fig. 3.11.- Revisión del asentamiento de la patas del motor con lainas.

2. Una vez apretada las cuatro patas se coloca el indicador de caratula, en una de las patas, se afloja el tornillo y se toma la lectura que marca el indicador de caratula al levantarse la pata, si el valor de este es igual o superior a 0.005" deberá ser rellenada con calzas calibradas hasta que el reloj marque un valor menor de 0.005".

Fig. 3.12.- Toma de lectura con el medidor de caratulas en las patas del motor.

3. Una vez corregida esta acción, se realiza el mismo procedimiento en las siguientes patas 2, 3 y 4.

Fig. 3.13.- Patas del motor ajustadas.

Se comienza a realizar la alineación del equipo, un punto muy importante es que la calzas que se colocaron para la corrección del pie cojo deben de conservarse durante el alineamiento.

<h1 style="text-align:center">CASO 4</h1>

<h1 style="text-align:center">DESALINEACIÓN DE EJES ENTRE MOTOR ELÉCTRICO Y REDUCTOR DE VELOCIDAD</h1>

<h2 style="text-align:center">(DESALINEACIÓN PARALELA)</h2>

El sistema analizado consta de un motor de inducción de 70 HP de potencia y una velocidad nominal de 1,775 CPM acoplado por un elemento flexible A4 a un reductor de velocidad planetario de 75 HP con una relación de velocidad de 106.1:1; esta trasmisión mueve el conductor de caña No. 4 a través de un juego de sprockets y cadena.

Datos de campo: Se percibió valores de vibración regulares en axial y vertical con presencia de (2x) es decir dos veces la velocidad de rotación del motor registrando valor más alto en dirección vertical. También se pudo apreciar con la cámara termografíaca el comportamiento inestable del elemento flexible de acoplamiento.

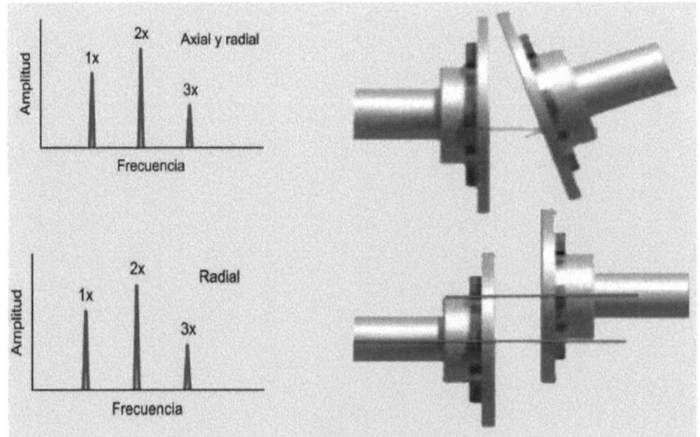

Fig. 4.1.- Desalineación de ejes.

La velocidad de rotación es de 1,775 CPM (1x), en espectro se percibe mayor amplitud a 3,550 CPM, dos veces la velocidad de rotación (2x), dando por diagnóstico de análisis de vibraciones un desalineamiento paralelo entre el eje del motor y del reductor de velocidad.

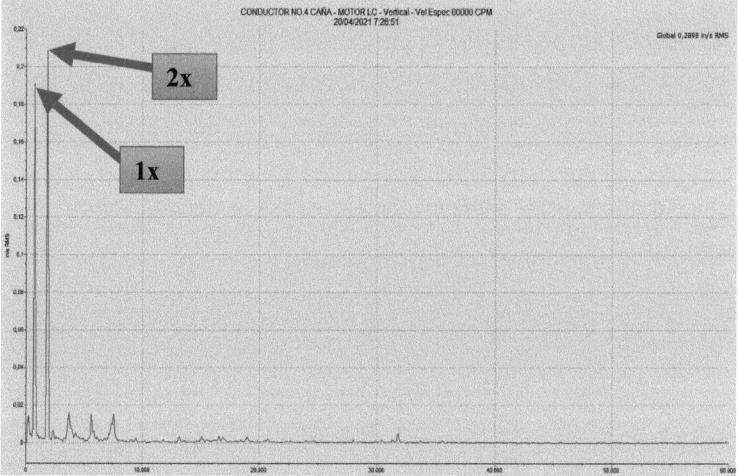

Fig. 4.2.- Espectro de vibración del motor de inducción de 70 HP de potencia.

Una vez detenido el equipo, se realizó la verificación del alineamiento con apoyo de un equipo de alineación de ejes láser, y después de haber realizado el procedimiento se observó que:

1. El eje del motor se encuentra 0.045" abajo respecto al eje del reductor (fuera de parámetros).

2. El eje del motor se encuentra desplazado 0.005" respecto al reductor.

Fig. 4.3.- Lectura obtenida con el equipo de alineación laser.

Consultando la tabla de tolerancia en coples A4 se determinan los valores permisibles de desalineación para este equipo:

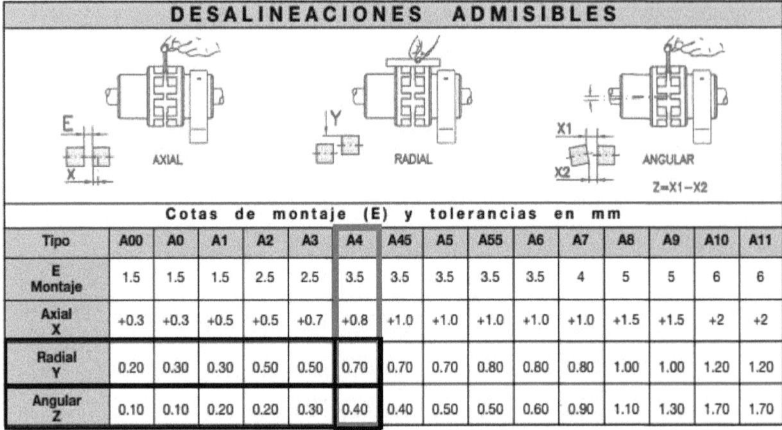

	\multicolumn{14}{c}{Cotas de montaje (E) y tolerancias en mm}
Tipo	A00	A0	A1	A2	A3	A4	A45	A5	A55	A6	A7	A8	A9	A10	A11
E Montaje	1.5	1.5	1.5	2.5	2.5	3.5	3.5	3.5	3.5	3.5	4	5	5	6	6
Axial X	+0.3	+0.3	+0.5	+0.5	+0.7	+0.8	+1.0	+1.0	+1.0	+1.0	+1.0	+1.5	+1.5	+2	+2
Radial Y	0.20	0.30	0.30	0.50	0.50	0.70	0.70	0.70	0.80	0.80	0.80	1.00	1.00	1.20	1.20
Angular Z	0.10	0.10	0.20	0.20	0.30	0.40	0.40	0.50	0.50	0.60	0.90	1.10	1.30	1.70	1.70

Fig. 4.4.- Tablas de tolerancia en coples A4
Desalineaciones permisibles

De la tabla se tiene que las tolerancias son:

- Radial Y (paralelo):0.70 mm = 0.027"

- Angular Z (angular): 0.40 mm = 0.015".

Valores finales de alineación de ejes de motor y reductor de velocidad

PLANO VERTICAL

- Angular. 0.001"/pulg.
- Paralelo: 0.005" abajo respeto al eje del reductor de velocidad.

PLANO HORIZONTAL

- Angular: 0.001 "/pulg.
- Paralelo: 0.003" desplazado respecto al eje del reductor de velocidad.

Después de corregir la alineación de los ejes y realizar el cambio del elemento flexible del acoplamiento los valores de vibración bajaron de 0.28 in/s a 0.05 in/s en amplitud mejorando el funcionamiento del equipo.

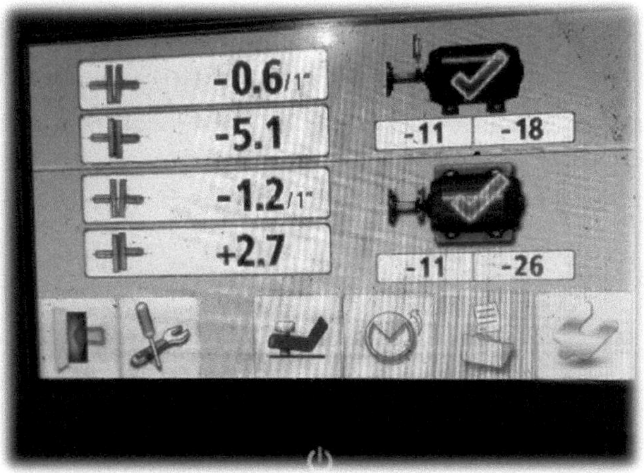

Fig. 4.5.- Lectura obtenida después de hacer las correcciones

En la figura 4.6 se muestra espectro de vibración después de haber realizado las correcciones.

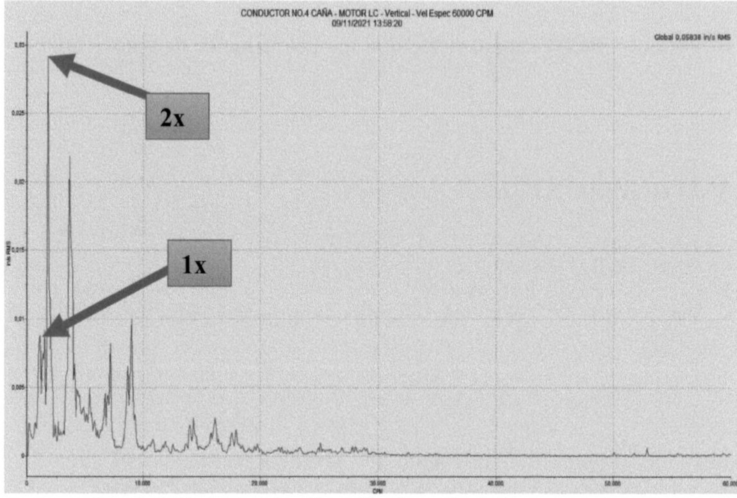

Fig. 4.6.- Espectro de vibración después de las correcciones

SEGUIMIENTO

Después de corregir la alineación de ejes y realizar el cambio de elemento flexible, se pudo observar el deterioro de este, además en algunos casos podemos encontrar otros daños provocados por el desalineamiento; entre los que se pueden mencionar:

1. Falla prematura del rodamiento, sello, eje o acoplamiento.

2. Excesiva vibración radial y axial.

3. Alta temperatura de la carcasa cerca de los rodamientos o alta temperatura del aceite de descarga.

4. Cantidad excesiva de fugas de aceite en los sellos del rodamiento o sellos del cople.

5. Perdida de energía, calentamiento en el motor por cargas altas de amperaje.

6. Calentamiento en los coples o elementos de acoplamiento.

A) Imagen termográfica del comportamiento del cople

B) Daño en elemento flexible de acople

Fig. 4.7.- Daños provocados por desalineación.

COMPRENSIÓN DE LOS CONCEPTOS BÁSICOS DE LA ALINEACIÓN DE EJES ENTRE EQUIPOS ROTATIVOS

Definición de alineación de ejes

Se dice que dos ejes se encuentran alineados cuando sus centros rotatorios son colineales entre sí, es decir, forman una sola línea.

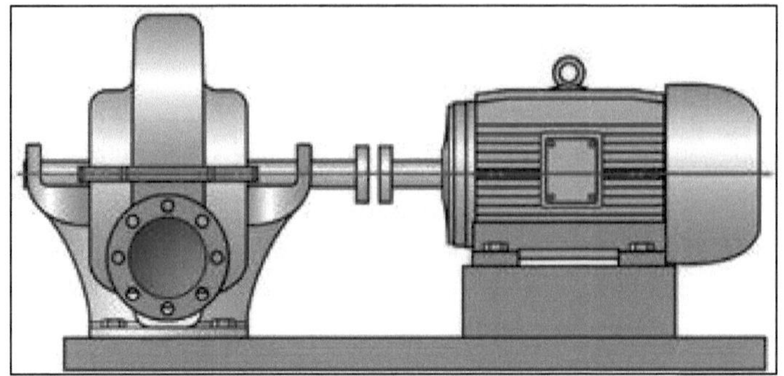

Fig. 4.8.- Diagrama de ejes rotatorios alineados.

Para realizar la alineación debe tomarse una de las maquinas como fijas (s) y la otra como móvil (m), la máquina móvil es el equipo que se tiene que calzar o mover para lograr formar la línea colineal entre los centros de los dos ejes, la máquina fija o estática (s) es el equipo que normalmente se encuentra sujeto a tuberías o conexiones y es compleja de mover o levantar, para ello la alineación se realiza en dos planos, eje vertical (altura) y eje horizontal (desplazamiento).

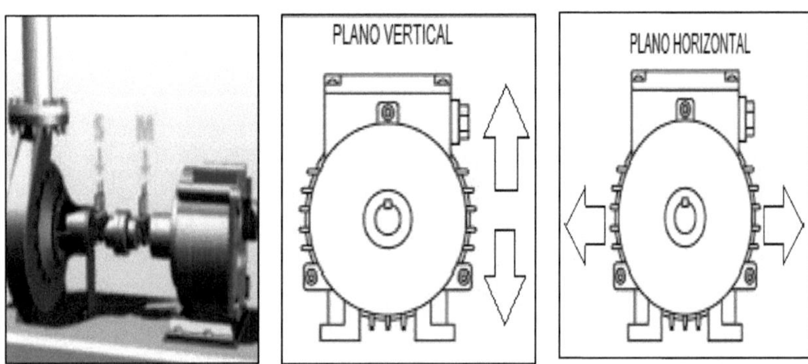

Fig. 4.9.- Alineación en dos planos.

El desalineamiento puede ser de tipo paralelo, angular o combinado, es decir; que hay que corregir el paralelismo, así como el ángulo que forman los dos ejes, esto a través de calzas que se colocan en la parte inferior de las patas de los equipos móviles.

Para facilitar la corrección angular se recomienda nivelar correctamente el equipo de referencia es decir el equipo fijo (s) en el proceso de alineación, casi siempre son bombas o reductores de velocidad.

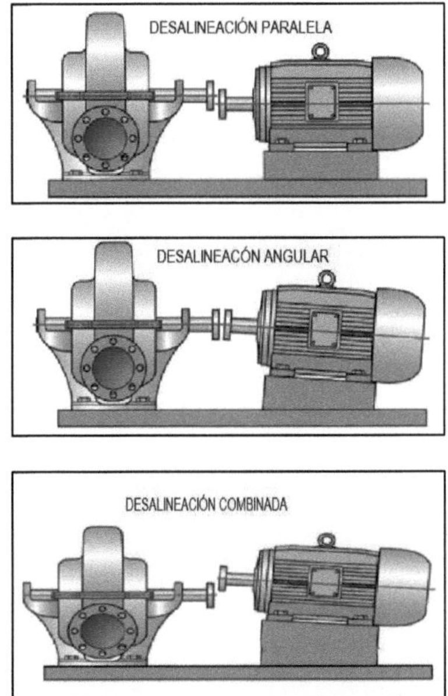

Fig. 4.10.- Tipos de desalineaciones.

Es importante desde un principio considerar la corrección del pie suave, o pie cojo, esto consiste en revisar con un calibrador de lainas que las patas del motor asienten correctamente sobre la base, en caso de no hacerlo es necesario calzar (rellenar con calzas) hasta que las 4 patas del motor o equipo a alinear asienten correctamente (ver caso 3).

Esto ayuda a que cuando se realice el apriete de la tornillería, el equipo no se mueva aleatoriamente, si no mantenga una tendencia lógica de los movimientos en vertical y horizontal hasta llegar a entrar en tolerancia de alineación según el criterio ya sea por tolerancia de acoplamiento (según sea el tipo de cople) o por velocidad.

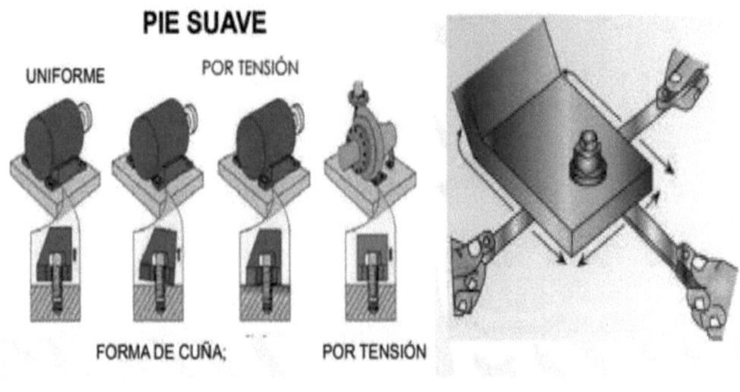

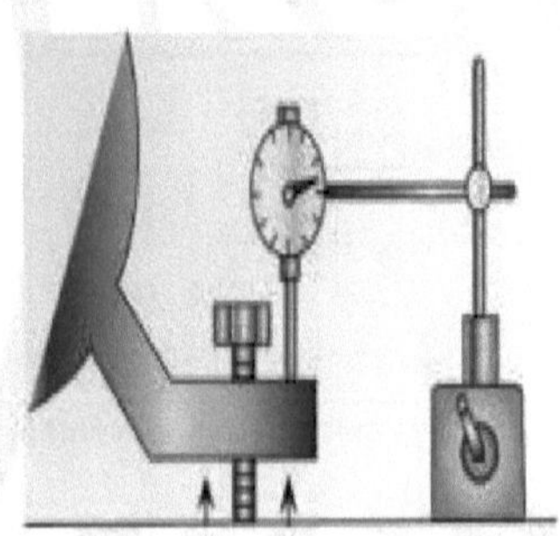

Fig. 4.11.- Corrección de pie suave (caso 3).

CASO 5

DESALINEACIÓN DE RODAMIENTO 22222 CCK/W33 POR HOLGURA EN LA CAJA SAF 522 (DESALINEACIÓN)

El sistema analizado consta de un motor de inducción de 250 HP de potencia y una velocidad nominal de 1,782 CMP que transmite por medio de un acoplamiento 13 F, a un rotor de ventilador tipo cantiléver, soportado por chumaceras, lado cople caja SAF 520 con rodamiento 22220 CCK/W33 y chumacera lado ventilador, caja SAF 522 con rodamiento 22222 CCK/W33.

Datos de campo: Se percibió vibración alta (0.52 in/s) en chumacera lado ventilador en dirección horizontal, tomando una temperatura de 82 °C.

Recientemente el equipo había sido destapado para lubricar y se encontró desajuste en la tapa superior colocando una laina de 0.002" para reducir el ajuste del alojamiento, en la chumacera lado cople, el rodamiento 22220 CCK/W33 fue cambiado por daño en la jaula, para sacar el rodamiento se bajó motor eléctrico de la base.

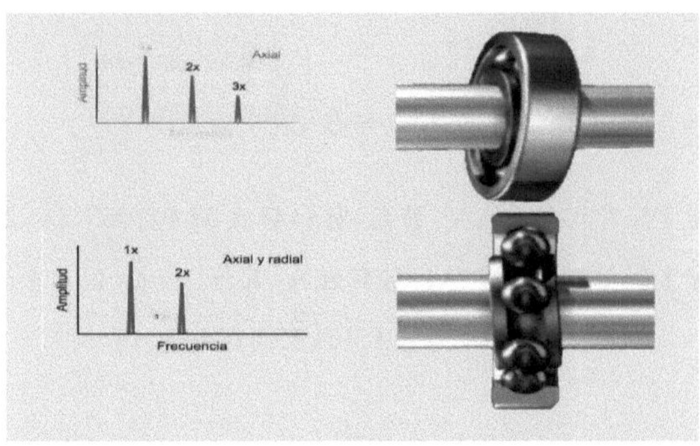

Fig. 5.1.- -Vibración en rodamiento 22220 CCK/W33

Se observó en el espectro de vibraciones valor de amplitud alta (0.54 in/s), en dirección horizontal, se pudo ver en el espectro la aparición de frecuencias a 1,783 CPM (1x), a 2,766 CPM (2x) y 5,349 CPM (3x). Por análisis de vibración se determinó como desalineamiento del rodamiento dentro de la caja, debido a holgura o desajuste en su alojamiento (caja SAF 522).

Se recomendó medir con plastigage el desajuste total de la tapa superior de la caja SAF 522 contra la pista externa del rodamiento, así como la alineación entre ambas chumaceras.

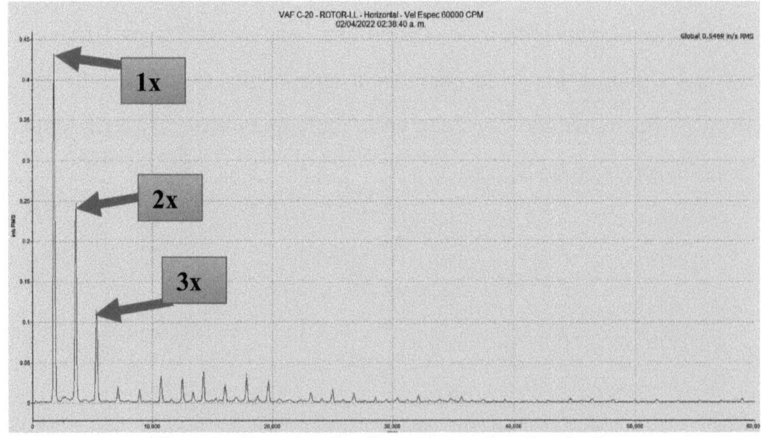

Fig. 5.2.- Espectro de vibración en el rodamiento

Los síntomas en un espectro de vibración para un desalineamiento de rodamientos son la aparición d (1x), (2x) y (3x) en sentido radial esta es una forma única de aflojamiento causado por cargas en los pedestales de cojinete, pernos del pedestal sueltos o cajas de rodamientos desajustados o defectuosos.

Las vibraciones tendrán una fuerte componente (1x) y (2x) debido al movimiento generado por la máquina y el pico (2x), puede ser más alto que el pico (1x) lo que puede llevarlo a sospecha de desalineación. En algún caso se genera una frecuencia (3x). El espectro tendrá componentes a (1x), (2x) y (3x) (pero a menudo no más armónicos), con un pico de (0,5x) en los casos más severos.

Anteriormente, se cambió un rodamiento lado cople (rodamiento 22220 CCK/W33) por daño en la jaula, algunas de las causas posibles pueden ser el pobre montaje (desalineación del rodamiento), grandes cargas, velocidad excesiva de rotación, pobre lubricación y el aumento de la temperatura.

Fig. 5.3.- Chumaceras que soportan el rotor del motor eléctrico.

Con apoyo de la cámara termográfica se pudo observar valores de temperatura en chumacera lado ventilador de 82 °C, así como temperatura de 81 °C en rodamiento de lado cople del motor, es importante revisar la alineación punto por punto empezando por la alineación entre chumacera lado cople y lado ventilador, así como la alineación entre el eje del ventilador y el eje del motor.

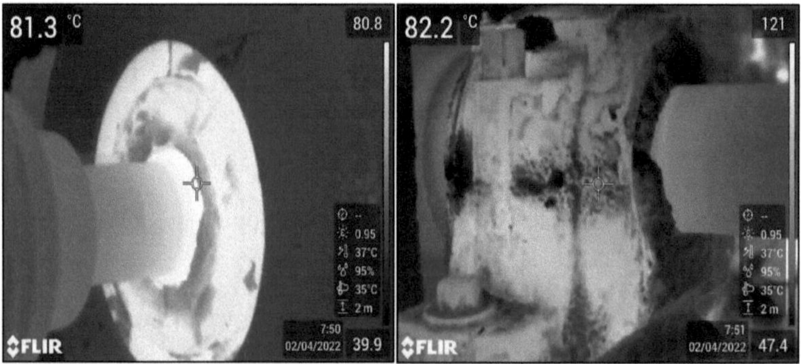

A) Lado ventilador　　　　　　　**B) Lado cople**
Fig. 5.4.- Imagen termográfica de las chumaceras del motor eléctrico.

Al destapar chumacera lado ventilador, se pudo observar rodamiento con marcas en la pista externa, así como óxido, derivado al desajuste en el alojamiento (caja SAF 522), se procedió a medir el ajuste con ayuda de plastigage, marcando este un valor de 0.23 mm (0.009"), por lo cual se consideró calzar la tapa superior con una laina de 0.008" para compensar el desajuste.

Fig. 5.5.- Rodamiento lado ventilador con marcas en pista exterior.

Al limitar la holgura de la caja superior, fue necesario verificar la reducción del juego radial del rodamiento, para ello se tomó los datos que pertenecen al rodamiento 22222 CCK/W33 proporcionados por el fabricante.

Se apretó la tuerca de seguridad forzando el rodamiento en dirección ascendente por el manguito, hasta que el espacio medido del rodamiento se redujo según los valores indicados en la tabla mostrada en la figura 5.6.

Tamaño*	REDUCCIÓN ESPACIO DEL RODAMIENTO			
	mín (in)	MÁX (in)	mín (mm)	MÁX (mm)
09	0.0010	0.0012	0,025	0,030
10-13	0.0012	0.0016	0,030	0,040
15-16	0.0016	0.0020	0,040	0,050
17-20	0.0018	0.0024	0,045	0,060
22-24	0.0020	0.0028	0,050	0,070
26-28	0.0026	0.0035	0,065	0,090
30-32	0.0030	0.0039	0,075	0,100
34-36	0.0031	0.0043	0,080	0,110
38-40	0.0035	0.0051	0,090	0,130
44	0.0039	0.0055	0,100	0,140
48	0.0043	0.0059	0,110	0,150
52-56	0.0047	0.0067	0,120	0,170
60	0.0051	0.0075	0,130	0,190
64-68	0.0059	0.0083	0,150	0,210
72-80	0.0067	0.0091	0,170	0,230

*El tamaño está representado por los dos últimos números de la chumacera cojinetes que se está instalando.

Fig. 5.6.- Valores de espacios de rodamientos sugeridos por el fabricante.

De acuerdo con los valores de la tabla mostrada en la figura 5.6 se tiene:

- Rodamiento 22222 CCK/W33 espacio sin montar = 0.0070".

- Reducción del espacio del rodamiento = 0.0020" A 0.0028".

- Juego radial máximo del rodamiento = 0.0070"-0.0020" = **0.0050"**

- Juego radial mínimo del rodamiento = 0.0070" -0.0028" = **0.0042".**

Los rodamientos fijos se ponen con la cara del rodamiento opuesta a la tuerca de seguridad contra el reborde de la chumacera.

Normalmente, los rodamientos de expansión van centrados en el sello de la chumacera, entre los rebordes, para permitir que el eje se expanda.

Los ejes que posean más de un rodamiento tendrán solo una chumacera fija, por lo que general, la unidad fija va instalada junto a la transmisión. El rodamiento fijo absorbe todas las cargas de empuje.

Se engrasa los surcos del sello del rodamiento ubicados en la tapa de la
chumacera y se pone encima el rodamiento, luego de limpiar las superficies
de contacto.

Las dos clavijas alinean la tapa con la mitad inferior de la chumacera. Cada
una de las tapas debe corresponder con su mitad inferior, ya que estas partes
no son intercambiables.

Se aprieta completamente los pernos con una llave de torque, según los
valores que indica la tabla de la figura 5.7; se aplica aceite solo en las roscas
de los pernos.

Torque de apriete de pernos sin tuerca de la chumacera

Cojinetes	Tamaño perno	Torque (ft-lb)	Torque (N-m)
SAF509-510	M10	30	40
SAF511-513	M12	60	81
SAF515	M12	60	81
SAF516	M12	60	81
SAF517	M16	125	170
SAF518	M12	60	81
SAF520 - 522	M16	125	170
SAF524	M16	125	170
SAF526-528	M20	250	339
SAF530	M20	250	339
SAF532	M20	250	339
SAF534	M24	500	678
SAF536-538	M24	500	678
SAF540	M24	500	678
SAF544	M24	500	678
SAF048	M24	500	678
SAF052	M24	500	678
SAF056	M30	750	1,017
SDAF152	M30	750	1,017
SDAF156 - 160	M30	750	1,017
SDAF164	M42	2,000	2,712
SDAF168 - 180	M42	2,000	2,712
SDAF-184	M42	2,000	2,712
SDAF 232/500	M48	2,860	3,878

**Fig. 5.7.- Torque de apriete de pernos sin tuerca de
la chumacera sugeridos por el fabricante.**

Con los pernos de montaje aun sin apretar del todo, se revisó la alineación y la facilidad de rotación.

Haciendo una inspección visual del espacio entre el eje y el orificio del sello se midió la distancia entre el diámetro externo del sello y el diámetro del orificio ensanchado de la chumacera en tres puntos. Se debe tomar cada medición a 90 grados de la medición anterior.

Las tres mediciones deben ser uniformes para asegurar que la alineación sea la correcta; se hizo la alineación utilizando cuñas o haciendo cambio de piezas, según sea necesario.

Se recomienda usar topes de detención contra los frentes o extremos de las bases ubicadas en sentido opuesto a la dirección de la carga o vibración para evitar el movimiento de la chumacera.

Finalmente se apretó firmemente los pernos de montaje. Para instalar chumaceras de fierro fundido se puede utilizar pernos de montaje UCN hasta grado 5 SAE aplicando torque adecuado.

Se verificó el alineamiento entre las chumaceras lado ventilador y lado cople, tomando como referencia el punto central de la tapa superior de la chumacera lado cople y proyectando el láser por el centro de la fecha hasta llegar a la otra chumacera.

Se realizó la corrección del alineamiento corriendo chumacera lado cople 1/8 de pulgada consiguiendo igualar la medición entre las marcas de la chumacera de cada lado (22.375").

**Fig. 5.8.- Alineación de centros de chumaceras con
apoyo de equipo de alineación laser.**

Después de alinear las chumaceras, se revisó y corrigió el alineamiento entre el eje del ventilador y el eje del motor eléctrico, con apoyo del alineador láser para ejes, los valores aceptables de alineación son tomados de la tabla por velocidad (1,800 RPM), ya que la velocidad del motor eléctrico de este ventilador es de 1,782 CPM.

DIMENSIONES (MILÉSIMAS DE PULGADA)				
RPM	**DESALINEAMIENTO ANGULAR**		**DESALINEAMIENTO PARALELO**	
	EXCELENTE	ACEPTABLE	EXCELENTE	ACEPTABLE
< 900	1.0	1.5	4.0	8.0
1200	0.7	1.0	3.0	6.0
1800	0.5	0.7	2.0	4.0
> 3600	0.3	0.5	1.0	2.0

Fig. 5.9.- Valores de alineación aceptables recomendados por el fabricante.

Después de realizar los trabajos de reajuste del alojamiento del rodamiento 22222 CCK/W33 se tomaron mediciones.

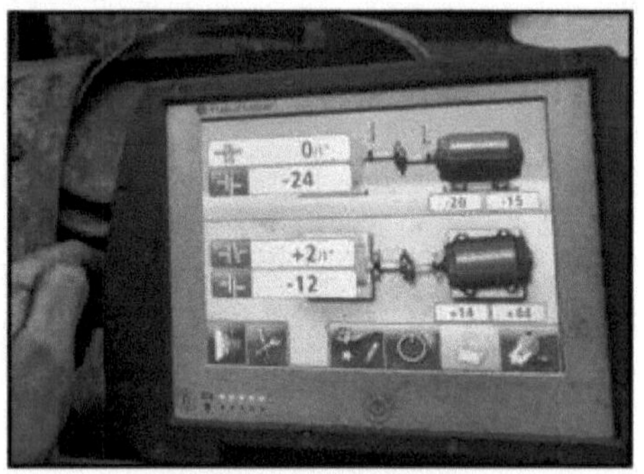

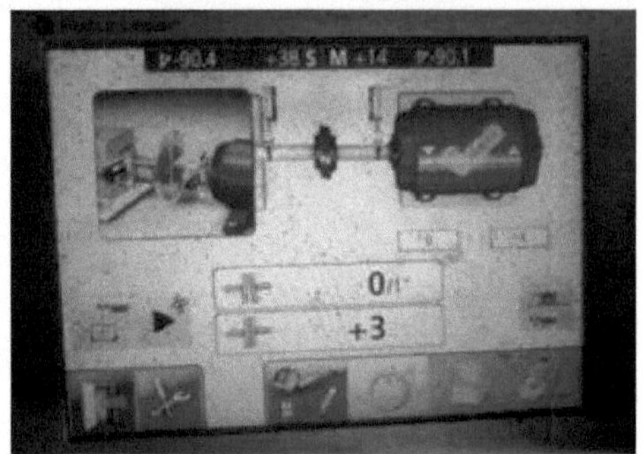

Fig. 5.10.- Mediciones de alineación obtenidas antes y después de los trabajos de reajustes

Los valores obtenidos se muestran en la figura 5.9.

VALORES FINALES DE ALINEACIÓN DE EJES DE MOTOR Y VENTILADOR.

PLANO VERTICAL
ANGULAR. **0.000"/PLG**
PARALELO: **0.000"** ABAJO RESPETO AL EJE DEL REDUCTOR DE VELOCIDAD.

PLANO HORIZONTAL
ANGULAR: **0.000 "/PLG.**
PARALELO: **0.003"** DESPLAZADO RESPECTO AL EJE DEL REDUCTOR DE VELOCIDAD.

Fig. 5.11.- Valores finales de alineación de ejes de motor y ventilador.

En la figura 5.12 se muestra el espectro de vibraciones después de realizar los trabajos de reajuste del alojamiento del rodamiento 22222 CCK/W33, verificación de alineación entre chumaceras y alineación de ejes del rotor del ventilador y eje del motor eléctrico logrando una disminución en la amplitud global de la vibración (de 0.54 in/s a 0.25 in/s).

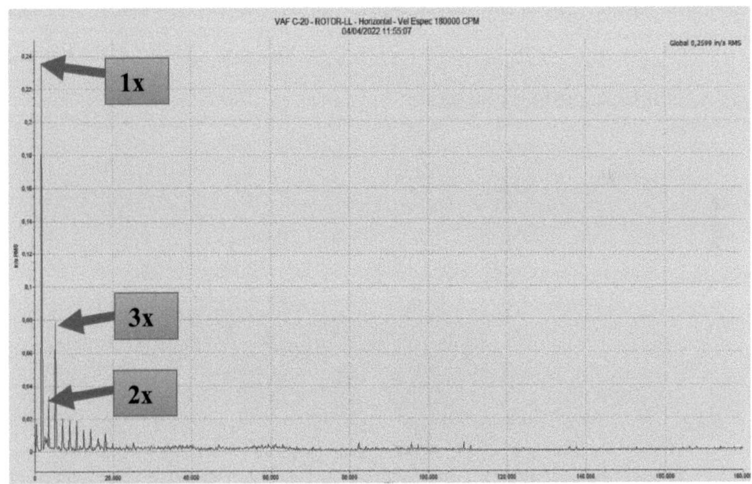

Fig. 5.12.- Espectro de vibraciones después de realizar los trabajos de reajuste del alojamiento del rodamiento.

SOLTURA EN BASE DE MOTOR ELÉCTRICO (HOLGURA MECÁNICA TIPO "A").

El sistema analizado consta de un motor de inducción de 50 HP de potencia con una velocidad nominal de 1,780 CPM acoplado a través de un acoplamiento 10 F a una bomba centrífuga de impulsor cerrado de 50 HP de potencia y 800 GPM, que bombea agua fría de una torre de enfriamiento compacta hacia la planta eléctrica.

Datos de campo: Se percibió vibración en el motor de amplitud alta (0.79 in/s) a la velocidad de giro del motor 1,780 CPM (1x) en dirección horizontal, valores fuera de rango, equipo de reciente instalación consta de una placa base que va fijada por anclas y su vez con grouting, la base del motor va soldada a esta placa base.

Fig. 6.1.- Bomba centrifuga de impulsor cerrado de 50 HP de potencia y 800 GPM

Se observó en el espectro de vibraciones un valor con amplitud alta (0.76 in/s) a velocidad de rotación 1,780 CPM (1x), se podría suponer un desbalance, pero provocado por la soltura de la placa base, al observar detalladamente se identificaron puntos donde la base del motor no estaba unida a la placa base.

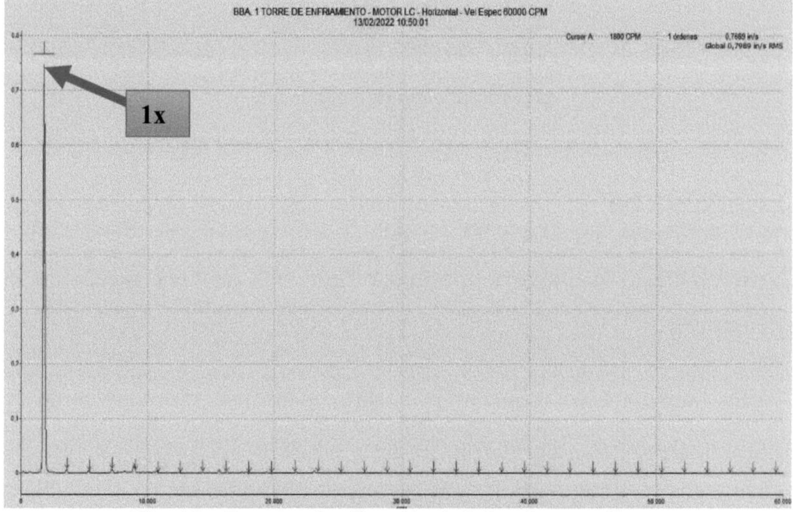

Fig. 6.2.- Espectro de vibración de la bomba centrifuga.
Amplitud de 0.76 in/s @ 1,780 CPM

Tras inspeccionar la base se observó que no fue soldada correctamente, entre la base del motor y la placa base existen espacios sin soldadura provocando vibración en el motor.

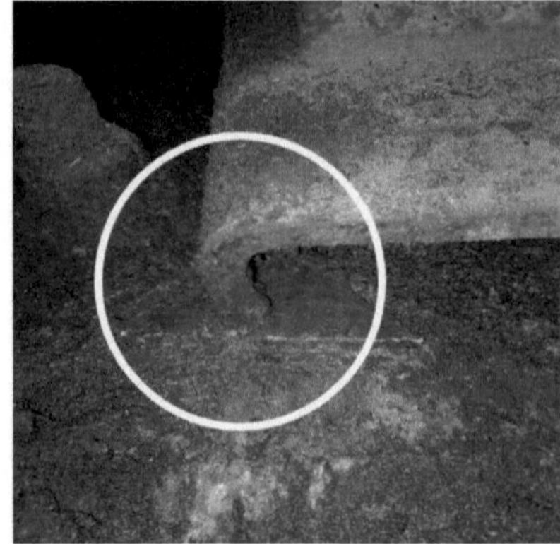

**Fig. 6.3.- Base del motor suelta de la
placa base (falta de soldadura).**

SEGUIMIENTO

Características de holgura mecánica tipo "a" (soltura mecánica o estructural).

Son las holguras asociadas a los elementos mecánicos no rotativos de la máquina: anclajes de fijación a la bancada, uniones entre tuberías, cajeras de rodamientos etcétera; normalmente, se manifiestan más en las direcciones radiales de medida que en las axiales, con presencia en el espectro de frecuencias de varios armónicos de la velocidad de giro dependiendo de la severidad de la holgura.

El análisis de fase puede revelar aproximadamente 90° a 180 ° de diferencia de fase entre mediciones verticales sobre el perno, soporte de máquina o la misma base

El rotor representa un desequilibrio que actúa como fuerza de excitación de las holguras debidas al aflojamiento de los anclajes entre el soporte del rodamiento y la bancada, el desequilibrio observado en el espectro (1x) es provocado por la inestabilidad del rotor para ejercer su rotación sobre su centro.

En la práctica el intento de balanceo de un rotor que está suelto (soltura mecánica) hace que el ángulo de fase y el valor del peso calculado por el equipo de vibraciones sea cambiante y por ende no responda al balanceo, siendo consecuencia de otra causa en este caso la soltura de la placa base.

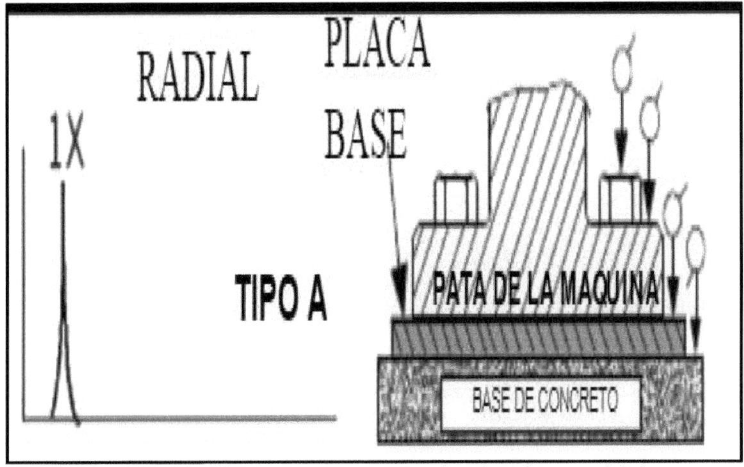

Fig. 6.4.- Fijación de un motor para evitar la soltura mecánica.

Se recomendó soldar grapas o angulares que permitan bajar la vibración y darle estabilidad al motor en operación.

La soltura mecánica provoca un efecto de pie cojo o vaivén que amplifica la vibración a la velocidad de rotación (1,780 CPM).

Fig. 6.5.- Grapas de soldadura agregadas al motor.

Los valores de vibración global bajaron, después de fijar placa base con la base del motor, la amplitud de vibración bajó de 0.76 in/s a 0.06 in/s; es decir hasta un 700%.

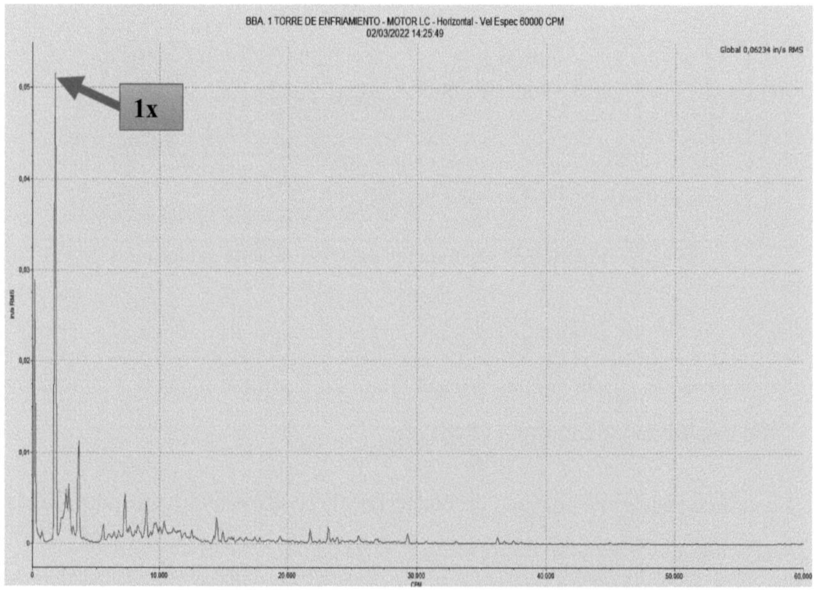

Fig. 6.6.- Espectro de vibración de la bomba centrifuga después de las correcciones. Amplitud de 0.06 in/s @ 1,780 CPM

GLOSARIO

A

ACELERACIÓN

Razón de cambio de la velocidad respecto al tiempo.

ALINEACIÓN

Posición en la cual las líneas centro de dos ejes deben ser lo más colineales posible, en el momento de operación de la máquina.

AMPLITUD

Es el máximo valor que presenta una onda sinusoidal.

ANÁLISIS ESPECTRAL

Es la interpretación que se le hace a un espectro para determinar el significado físico de lo que pasa en una máquina.

ARMÓNICO

Son frecuencias de vibración que son múltiples integrales de una frecuencia fundamental especifica.

ARMÓNICO FRACCIONARIO

Armónicos que se encuentran entre los armónicos principales y son fracciones de la frecuencia fundamental.

AXIAL

Posición del sensor que va en el sentido de la línea del eje.

B

BALANCEO

Procedimiento por medio de la cual se trata de hacer coincidir el centro de masa de un rotor con el centro de rotación.

C

CICLO

Es un rango de valores en los cuales un fenómeno periódico se repite.

D

DESPLAZAMIENTO

Cambio de posición de un objeto o partícula de acuerdo con un sistema de referencia.

DIAGNÓSTICO

Proceso por medio del cual se juzga el estado de una máquina.

DOMINIO DE LA FRECUENCIA

Es la representación gráfica de una señal de vibración en la cual se enfrentan amplitud vs tiempo.

E

ENTREHIERRO

Espacio de aire comprendido entre el estator y el rotor de un motor eléctrico.

ESPECTRO

Sinónimo de dominio de la frecuencia.

EXCENTRICIDAD

Variación del centro de rotación del eje con respecto al centro geométrico del rotor.

F

FACTOR DE SERVICIO

Factor de corriente que corrige los niveles normalizados, para máquinas especiales que requieren niveles en particular.

FASE

Es un retardo en el tiempo de dos señales, expresado en grado de rotación.

FRECUENCIA

Es el recíproco del periodo y significa número de oscilaciones completas por unidad de tiempo.

FRECUENCIA DE FALLA DE JAULA (FTF)

Es la frecuencia de un rodamiento que se excita cuando presenta un daño en su jaula.

FRECUENCIA DE FALLA DE ELEMENTO RODANTE (BFS)

Es la frecuencia de un rodamiento que se excita cuando se presenta un daño en algún elemento rodante.

FRECUENCIA DE FALLA DE PISTA INTERNA (BPFI)

Es la frecuencia de un rodamiento que se excita cuando se presenta un daño en la pista interna.

FRECUENCIA DE FALLA DE PISTA EXTERNA (BPFO)

Es la frecuencia de un rodamiento que se excita cuando se presenta un daño en la pista externa.

FRECUENCIA NATURAL

Es la frecuencia que representa cada componente por su propia naturaleza. Esa frecuencia oscilara si es excitada por agente externo que opere a una frecuencia muy cercana.

H

HORIZONTAL

Generalmente, es la posición que se le da al sensor, que va perpendicular al sentido de la gravedad.

M

62

MICRA

Medida de longitud o distancia. equivalente a la milésima parte de un milímetro.

MILS

Medida de longitud o distancia equivalente a una milésima de pulgada.

P

PERIODO

Es el tiempo necesario para que ocurra una oscilación o se complete un ciclo. Generalmente, está dada en minutos y segundos.

PICO

Cada una de las líneas que componen el espectro.

R

RADIAL

Posición del sensor que va perpendicular a la línea del eje.

RESONANCIA

Se presenta cuando la frecuencia natural de un componente es excitada por un agente externo: la amplitud de vibración de la máquina se puede incrementar enormemente causando perjuicios que en algún momento pueden llegar a ser catastróficos.

ROTOR FLEXIBLE

Son rotores que giran muy cerca de su velocidad crítica, por lo cual presentan una deformación significativa.

ROTOR RÍGIDO

Rotor que no se deforma significativamente operando a su velocidad nominal.

RPM

Otra de las unidades de frecuencia, equivale al número de ciclos por minuto que presenta la máquina.

RUIDO

Es información de la señal que no representa alguna importancia, representada como contaminación de la señal.

S

SUBARMÓNICOS

Son frecuencias que se encuentran a una fracción fija de una frecuencia fundamental, tal como la velocidad nominal de la máquina.

V

VELOCIDAD

Razón del cambio del desplazamiento respecto al tiempo.

VELOCIDAD NOMINAL

Velocidad de entrada de una máquina.

VERTICAL

Posición que se le da al sensor, en el sentido de la aceleración de la gravedad.

VIBRACIÓN

Es un movimiento oscilatorio.

VIBRACIÓN ALEATORIA

Frecuencia que no cumplen con patrones especiales que se repiten.

TABLA: RANGOS DE SEVERIDAD DE VIBRACIONES SEGÚN NORMA ISO 10816.

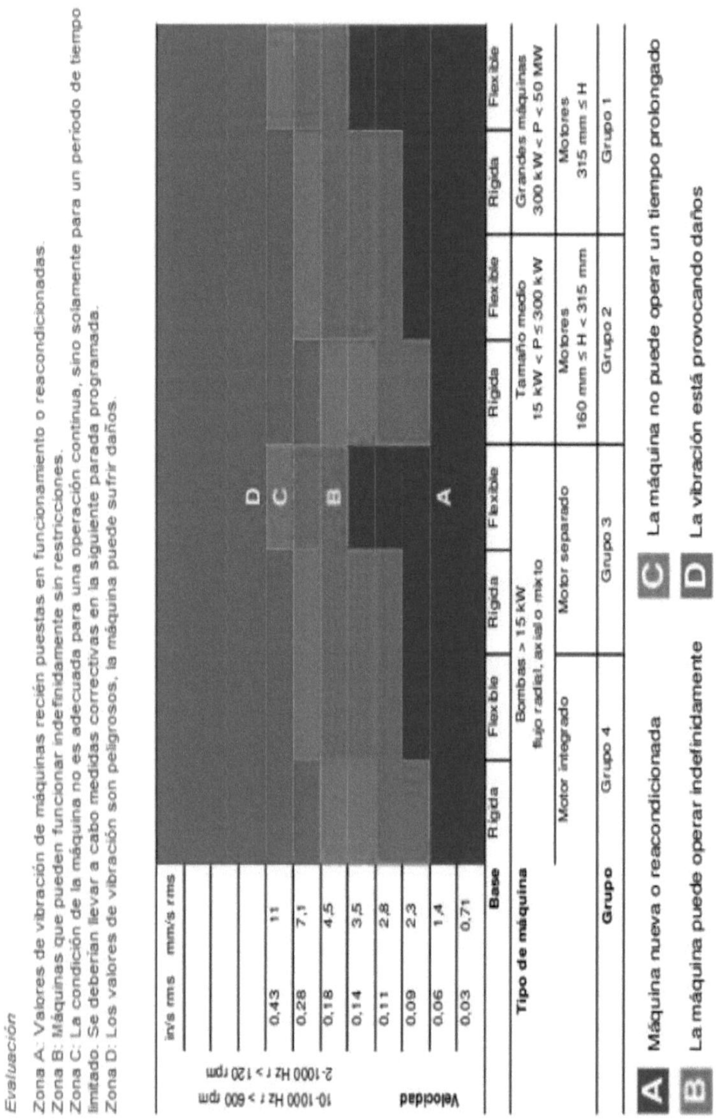

Evaluación

Zona A: Valores de vibración de máquinas recién puestas en funcionamiento o reacondicionadas.
Zona B: Máquinas que pueden funcionar indefinidamente sin restricciones.
Zona C: La condición de la máquina no es adecuada para una operación continua, sino solamente para un periodo de tiempo limitado. Se deberían llevar a cabo medidas correctivas en la siguiente parada programada.
Zona D: Los valores de vibración son peligrosos, la máquina puede sufrir daños.

Velocidad	in/s rms	mm/s rms
10-1000 Hz r >600 rpm / 2-1000 Hz r >120 rpm	0,43	11
	0,28	7,1
	0,18	4,5
	0,14	3,5
	0,11	2,8
	0,09	2,3
	0,06	1,4
	0,03	0,71

Base	Rígida	Flexible	Rígida	Flexible	Rígida	Flexible	Rígida	Flexible
Tipo de máquina	Bombas > 15 kW flujo radial, axial o mixto				Tamaño medio 15 kW < P ≤ 300 kW		Grandes máquinas 300 kW < P < 50 MW	
	Motor integrado		Motor separado		Motores 160 mm ≤ H < 315 mm		Motores 315 mm ≤ H	
Grupo	Grupo 4		Grupo 3		Grupo 2		Grupo 1	

A — Máquina nueva o reacondicionada
B — La máquina puede operar indefinidamente
C — La máquina no puede operar un tiempo prolongado
D — La vibración está provocando daños

BIBLIOGRAFIA

CASO 1.- DESEQUILIBRIO EN ROTOR PORTA CUCHILLAS HORIZONTALES TIPO SWING BACK (DESBALANCE).

- Desarrollo De Un Sistema De Balanceo Para Turbinas De Baja Potencia, Ing. Rubén Eduardo Sosa.

- Predictiva 21. Revista Digital De Mantenimiento, Confiabilidad Y Gestión De Activos.

CASO 2.- DESEQUILIBRIO EN ROTOR DE TURBINA DE VAPOR (DESBALANCE Y SOLTURA MECÁNICA).

- REXNOR, Instrucciones De Instalación Y Mantenimiento, Falk Steel Flex®.

- Manual De Análisis De Vibraciones POWER-MI.

- Mobius Institute ™, Mobius Ivibe.

CASO 3.- PIE SUAVE O COJO EN MOTOR ELÉCTRICO (HOLGURA MECÁNICA TIPO "A").

- CBM Connect, Bill Kruger, Gerente Técnico De Capacitación All-Test Pro.

- PROFTECHNIK. ¿Qué Es El Fenómeno Del Pie Cojo?

- Manual De Análisis De Vibraciones POWER-MI.

CASO 4.- DESALINEACIÓN DE EJES ENTRE MOTOR ELÉCTRICO Y REDUCTOR DE VELOCIDAD (DESALINEACIÓN PARALELA).

- REXNOR, Instrucciones De Instalación Y Mantenimiento, FALK STEELFLEX®.

- Manual De Análisis De Vibraciones POWER-MI.

- Imágenes, MYG Inc.

CASO 5.- DESALINEACIÓN DE RODAMIENTO 22222 CCK/W33 POR HOLGURA EN LA CAJA SAF 522 (DESALINEACIÓN).

- PPI, Precisión , Puller & Idler, Operación Y Mantenimiento Rodamientos Y Chumaceras SAF.

- REXNOR, Instrucciones De Instalación Y Mantenimiento, Falk Steel Flex®.

- Capacitación Mecánica Industrial, Ing. Gonzalo Morales Meléndez.

- Manual De Análisis De Vibraciones POWER-MI.

- Mobius Institute ™,Mobius Ivibe.

CASO 6.- SOLTURA EN BASE DE MOTOR ELÉCTRICO (HOLGURA MECÁNICA TIPO "A").

- Technical Associates of Charlotte, Pc. R-0894-4.

- Manual De Análisis De Vibraciones POWER-MI.

Printed by Books on Demand GmbH, Norderstedt / Germany